给孩子的自然百科

当孩子遇见花朵

[法]克莱尔·勒克维勒 / 著

[法]罗莉亚娜·舍瓦里耶 / 绘

董馨阳 / 译

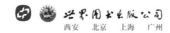

世界图书出版公司

西安　北京　上海　广州

献给我的母亲和她珍爱一生的花园。

——[法]克莱尔·勒克维勒

致艾蒂安娜、考拉斯和罗曼娜，你们是我每天的新鲜花束。

——[法]罗莉亚娜·舍瓦里耶

带★的名词解释在文末。

目 录

什么是花？

植物想要延续生命，就需要繁殖。

这也是花的功能——它的任务是使植物繁殖。花朵包括许多结构，它们各司其职。

繁殖器官

大多数植物是雌雄同株的，但是，有些植物只有其中一种繁殖器官。雌性器官被称为雌蕊★。雌蕊包括子房★、花柱★和柱头★。子房中含有胚珠（雌性细胞），子房的上方是花柱和柱头，柱头可以接受花粉。雄性器官被称为雄蕊★。植物通常包含多个雄蕊，雄蕊里面有花粉粒。

花瓣、花被片和萼片

雄蕊和雌蕊的周围是保护着它们的花瓣。我们可以一眼分辨出花瓣来，因为花瓣通常是白色或彩色，而且形状不一。萼片★是花瓣外侧的小叶片，它们大多是绿色的，主要作用是保护还处于蓓蕾期的花朵。有些植物的萼片和花瓣外形一样，人们很难区分，因此被称为花被片★。花朵和植物主茎连接的小茎被称为花梗★。

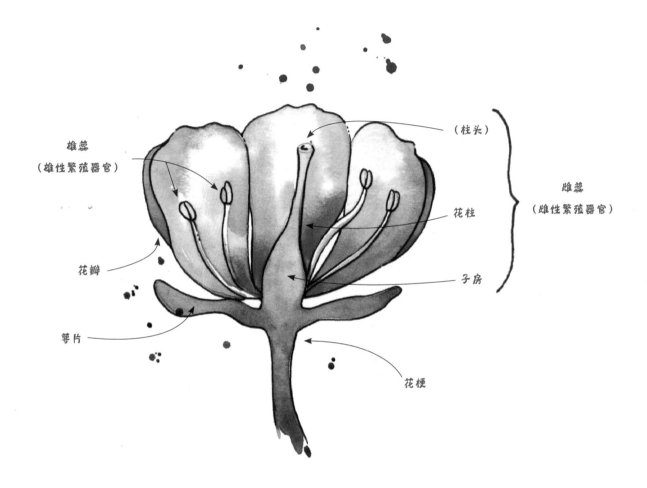

雄蕊
（雄性繁殖器官）

（柱头）

雌蕊
（雌性繁殖器官）

花柱

花瓣

子房

萼片

花梗

并不是所有植物都开花。开花的植物属于被子植物,这个词来源于希腊语,意思是"容器中的种子",这类植物的种子包裹在果实里。有些植物既不开花,也不结种子,如蕨类植物和苔藓植物。还有一些植物没有真正的花,有的多是羽状或卷的花,但结种子,它们属于裸子植物,种子一般无果皮包裹,成熟时裸露在外,如冷杉、银杏等。裸子植物在地球上存在的时间远远早于被子植物,花朵是经过了很久的进化才出现的。物竞天择,适者生存,植物也在不断地变化着。

3

植物种子的故事

春天到了，花满枝头。有些植物会开很多花，而有些植物只开一朵花。当同一个花梗上有多个花时，说明它有花序★，而花序通常有多种形式。

多数情况下，我们能够同时发现一朵花的雄蕊和雌蕊。如果一棵植物想要繁殖，那么它的花粉需传播到另一朵花的柱头上。这一过程通常要借助昆虫或风来完成，我们把这种现象称为传粉★。因此，有些植物进化出能够吸引昆虫的花朵，比如鼠尾草和多花兰。花粉沾在柱头上之后，通过花柱进入子房，使子房授粉。之后胚珠会长成一颗种子，而雌蕊将变成果实。果实中有果核，果核里面就是种子。种子落在地上，或随水漂流，或被动物带到更远的地方，最终它将长成一棵新的植物。

出门寻找花朵

花朵艳丽多姿，不同的花之间有很大的差异。我们一起到大自然中去找找看吧！

首先，观察花朵长在植物的什么位置；其次，数一数有多少片花瓣，有多少片萼片；最后观察它们的大小和形状。

观察下面的花瓣或花被片，你能认出它们吗？你能分辨出花瓣和萼片吗？

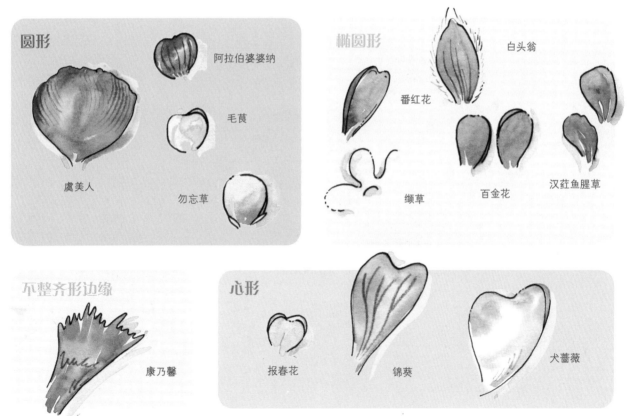

圆形
阿拉伯婆婆纳
毛茛
虞美人
勿忘草

椭圆形
白头翁
番红花
缬草
百金花
汉荭鱼腥草

不整齐形边缘
康乃馨

心形
报春花
锦葵
犬蔷薇

5

管筒形或长舌形

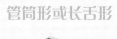

雏菊

蒲公英

通过观察花瓣的形状也能辨认花朵。

尖形

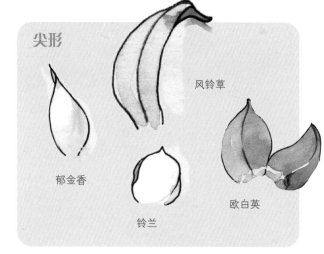

风铃草

郁金香

铃兰

欧白英

它的花瓣是钟形的吗?

鼠尾草

它的花瓣是不是裂成了三个部分?

倒距兰

它有多种颜色,形状像不像蜜蜂?

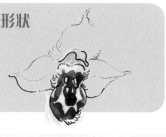

多花兰

靠下的两片花瓣是不是闭合且连在一起?

香豌豆

能看到花朵背面有一根细管吗?

香堇菜

6

雏菊

怎么辨认雏菊？

雏菊的叶子紧贴地面生长。叶子上方长着花茎，再往上就是它的花朵。实际上，它并不只有一朵花，而是数百朵花长在同一个位置形成了一朵单独的花，我们称之为头状花序★。花朵中那些娇嫩的白色花瓣实际上是细长的舌状花，长在中心的则是黄色的管状花，它们密密麻麻地挤在一起。

哪里能看到雏菊？

3月至6月，花园里和草地上到处开满了雏菊。它为花园和草地增添了活力。

雏菊有什么用途？

陷入爱河的人们喜欢摘下一朵雏菊，一瓣一瓣摘掉白色的花，并念道："我爱他，一点点，有一些，很动心，为爱痴狂……"；还有些人会把雏菊编成项链。

雏菊的观赏价值很高，不仅能美化环境，还能净化空气。

雏菊有什么小秘密？

雏菊原产于欧洲，早春开花，生机盎然，深受意大利人的喜爱，因而被推选为国花。

怎么辨认犬蔷薇？

犬蔷薇是一种野生蔷薇。它的茎上布满尖刺，叶子由多片锯齿形小叶片★组成。犬蔷薇花朵由五瓣粉白色心形花瓣组成，花朵中央是多个棕黄色的雄蕊。花朵下面是长满绒毛的萼片，它们干枯后很容易脱落。犬蔷薇结出的红色蒴果有个有趣的名字，叫作玫瑰果★。

哪里能看到犬蔷薇？

5月至8月，在田野、荒地和树林边都可以看到它。

犬蔷薇有什么用途？

犬蔷薇的果实富含丰富的维生素，可以用来制作成美味的果酱。犬蔷薇可以用于制作各式各样的美味：花草茶、甜点、果汁，还把它做成雪糕。

犬蔷薇有什么小秘密?

鲜红的玫瑰果也被称作蔷薇果，属于一种蒴果★，椭圆的外形娇小讨喜。

犬蔷薇有什么小故事?

早在5000多年前，人类就已经种植蔷薇。蔷薇有许多种类，但是犬蔷薇不同，它是野生的。犬蔷薇还被称为"野玫瑰""屁股痒痒"。因为它的果实绒毛能让人皮肤发痒，是真正的痒痒粉啊。

创意艺术小课堂：观察并练习画一朵犬蔷薇吧。

扫码观看
简笔画视频

康乃馨

怎么辨认康乃馨？

康乃馨很漂亮，它的叶子非常柔软，沿着茎成对生长，在茎的周围形成叶鞘★。康乃馨的花萼呈长筒状，花被片彼此紧挨着，边缘呈锯齿状。花朵中央就是它的雄蕊。

哪里能看到康乃馨？

康乃馨喜欢干燥的土地、墙壁和岩石缝。花期是5月至8月。

康乃馨有什么用途?

康乃馨香气宜人，花型娇艳，是花店里受顾客青睐的鲜花。康乃馨在培育时会按特定的标准挑选种植，通过变种★，形成一种新品种的康乃馨。这就是为什么我们在花店看到的康乃馨的花朵和野生康乃馨的花朵有很大不同。花店的康乃馨有双色的，有多重花瓣的……

康乃馨有什么小故事?

康乃馨象征：和平、母爱、尊敬、真情等。1974年，在葡萄牙首都里斯本发生的一次军事政变中，军人手持康乃馨花来代替步枪，表达和平的意愿。这次革命也被称为"康乃馨革命"。

创意艺术小课堂： 观察并练习画一朵康乃馨吧。

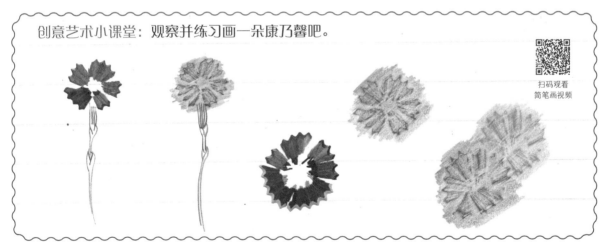

扫码观看
简笔画视频

艺术家提示： 削一根彩色铅笔，把铅笔屑围成一个圆环形，压在纸下涂涂看。你会发现好像变魔术一样，康乃馨就跃然纸上啦。

香豌豆

怎么辨认香豌豆?

香豌豆是豆科植物，一年生草本，它的茎非常扁平，叶具一对小叶，叶轴末端具有分枝的卷须★。香豌豆花具有豆科植物花朵的典型特征。它们的花朵都分成三部分：上部一个花瓣，向天空绽放，称为旗瓣；两侧各一个，像是一双翅膀，称为翼瓣；下部的两个花瓣彼此连接，称为龙骨瓣。从正面仔细观察一下吧，是不是很像展翅欲飞的蝴蝶？

哪里能看到香豌豆?

6月至9月，在树林中、田野里和小路边，空气里弥漫着香豌豆花的香气。

香豌豆有什么用途?

香豌豆的名字已经暗示了它的作用，人们常常利用它馥郁的香味来制作香水，还有香水直接被命名为香豌豆呢。

香豌豆有什么小秘密?

　　香豌豆也被称为花豌豆，是一种攀接植物，它能够在任何支撑物上攀爬。香豌豆的叶子又细又长，用于缠绕附着物，我们称之为卷须★。

香豌豆有什么小故事?

　　19世纪，一位伟大的科学家、遗传学论孟德尔，通过香豌豆向人们展示了植物如何将某些生物特征传递给后代，如颜色或种子形状。

创意艺术小课堂：观察并练习画一朵香豌豆花吧。

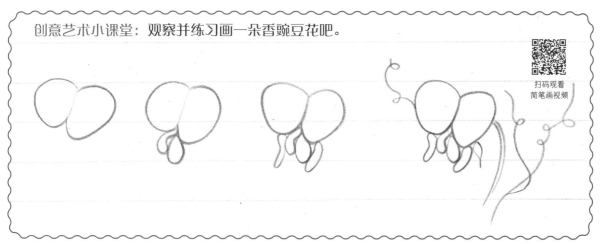

扫码观看
简笔画视频

阿拉伯婆婆纳

怎么辨认阿拉伯婆婆纳?

阿拉伯婆婆纳的花非常小,如果不仔细看,很可能会忽略它。有些阿拉伯婆婆纳的茎在地面蔓生,使阿拉伯婆婆纳能够向上长。它的叶子很长,边缘呈钝齿状。阿拉伯婆婆纳的花非常漂亮,有四瓣蓝紫色花瓣,上面有深蓝色的条纹,靠近最下面的部分贴近白色。花朵中央是一个很大的花柱和两个雄蕊。如果把花翻到背面,就可以看到它有四片基部连在一起的萼片,萼片上有绒毛。

哪里能看到阿拉伯婆婆纳?

阿拉伯婆婆纳在3月至5月开花,它们在花园、田地等耕作过的土地上非常容易存活。

14

阿拉伯婆婆纳有什么用途？

阿拉伯婆婆纳尝起来有苦味、咸味和辛味，有祛风除湿的功效。

阿拉伯婆婆纳有什么小秘密？

阿拉伯婆婆纳一般在一年内完成种子萌发、生长、开花、结果和衰老死亡等过程，我们称之为一年生草本。

阿拉伯婆婆纳有什么小故事？

波斯是古阿拉伯人在伊朗高原上建立的古老帝国的名称，于是人们便把这种在波斯随处而生的、开蓝色小花的草本植物起名叫阿拉伯婆婆纳，也叫波斯婆婆纳。

创意艺术小课堂：观察并练习画一朵阿拉伯婆婆纳吧。

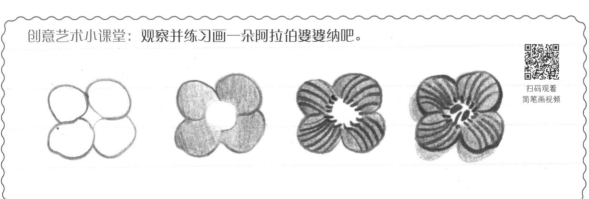

扫码观看
简笔画视频

蒲公英

哪里能看到蒲公英？

4月至9月，山坡、草地、田野到处都是蒲公英的身影，有时在城市的道路两旁也能看到它们！

蒲公英有什么用途？

一些地区的人们会把蒲公英的花做成果酱，叫作"蒲公英花蜜"或"蒲公英花酱"，还会用它的叶子拌沙拉吃。

蒲公英中空的茎可以做成一个哨子。把它摘下来，折断其中的一端并捻开，然后放进嘴里使劲吹，声音听起来好像有一只雄蜂飞过！

蒲公英有什么小秘密？

许多昆虫都是在蒲公英上长大的，如天蛾等，我们把蒲公英称为这些昆虫的植物"宿主"。

怎么辨认蒲公英？

和雏菊一样，蒲公英也有许多朵花且颜色都一样，聚在一起形成一个头状花序★。蒲公英的叶子集中长在茎的基部，紧贴地面。整朵花呈锯齿状，所以人们又叫它"狮牙"。

16

倒距兰

怎么辨认倒距兰?

这种兰花的花柱很容易辨认，花朵呈玫瑰红色，聚在一起形成紧凑的穗状花序，好像一个金字塔。在它开花之前，只能在地面上看到两片叶片。离近些仔细观察它的花，会发现它们都有三瓣花瓣和三片萼片，其中有一片花瓣分成三部分，这片花瓣被称为唇瓣★。

哪里能看到倒距兰?

倒距兰是一种很常见的兰花。3月至5月，在树林、牧场、花园和路边都能看到盛开的倒距兰。

倒距兰有什么小秘密?

倒距兰主要通过蝴蝶和蛾来授粉，因为它们的舌头较长，可以达到花的基部。

多花兰

多花兰的颜色独特，容易在花丛中辨认。在三片摊开的粉红色萼片下，好像一只蜜蜂落在花上。其实这是它的唇瓣，唇瓣上覆有丰富的绒毛，唇瓣之上有一根小柱，这是长在一起的雄蕊和花柱。

哪里能看到多花兰？

4月至8月，可以在树林中和溪谷旁的岩石上看到多花兰。

多花兰有什么小故事？

多花兰又名蜜蜂兰，从它的名字就能看出来，它的外形像一只蜜蜂。它通过释放类似雌蜂的气味来吸引雄蜂。所以雄蜂会飞来尝试与花"交尾"，这样花粉就会沾到蜜蜂身上。之后雄蜂再把这些花粉带到其他花朵上，多花兰就这样实现繁殖。

多花兰有什么小秘密？

野生多花兰非常珍贵，它被列入《世界自然保护联盟濒危物种红色名录》。如果在野外发现多花兰，一定要保护它。

毛茛

毛茛茎部长着很多茸毛。茎直立，高30至70厘米，基生叶数枚，3深裂，3浅裂。大多数的毛茛都开黄色的花。毛茛的花有五片小小的黄绿色萼片，尖端朝下生长；五瓣黄色花瓣亮丽夺目，好像能够反射阳光一般。

哪里能看到毛茛？

这种黄色的花在牧场、田野、路边和草地都能看到，花期是4月至8月。

毛茛有什么用途？

动物们大多都会避开毛茛，因为它能够让动物的皮肤产生灼烧感，如果有动物不小心吃了它，严重的还可能致死。以前人们将它的根部入药，研磨之后敷在皮肤上，用来治疗某些皮肤病。

毛茛有什么小故事？

毛茛生活在湿润的环境中，这也解释了为什么其名称在拉丁语中译为"小青蛙"。

19

鼠尾草

怎么辨认鼠尾草?

　　和许多其他唇形科植物一样，鼠尾草的茎是四角柱状，叶片两两对生。花和叶的分布类似，呈深蓝色，有时甚至近乎紫色，形成穗状花序。鼠尾草花的五个花瓣聚在一起形成两个唇瓣，其中一个像钩状的喙；另一个又平又大，为昆虫降落提供一条跑道。

哪里能看到鼠尾草?

　　鼠尾草的花期是6月至9月，一般在山坡、路弯、荫蔽草丛及水边可以找到它。

鼠尾草有什么用途?

　　鼠尾草香气浓郁，可用于制作日用香精，还可制成香包。

鼠尾草有什么小故事?

鼠尾草花有一个精巧的结构——带"踏板"的雄蕊。当一只昆虫吸食花蜜时,它需要拨开雄蕊,就好像踩动一个踏板,这时雄蕊顶端满满的花粉会掉落在昆虫的背上。等这只昆虫再飞去另一朵花时,就会把花粉带到其他花的雌蕊上,这样鼠尾草就可以繁殖了。

鼠尾草有什么小秘密?

鼠尾草在拉丁语中为"治疗",因为某些鼠尾草一直被用来杀菌抗病毒。

创意艺术小课堂:观察并练习画一朵鼠尾草吧。

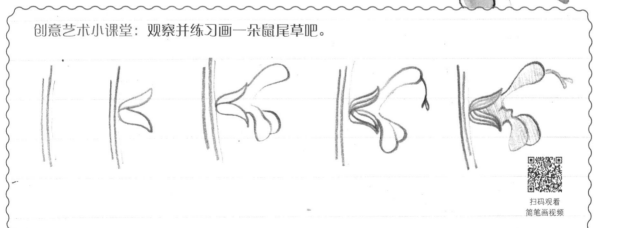

扫码观看
简笔画视频

锦葵

怎么辨认锦葵？

锦葵会长到约50至90厘米。锦葵的叶片多为心形，分为5至7个裂片，就好像一只手一样。锦葵的花朵呈粉紫色或白色，花瓣上有紫色条纹。锦葵花有5瓣心形花瓣，基部细，连在绿色的萼片上。锦葵的果实是白色的，像一小块奶酪，萼片包裹在果实四周。

哪里能看到锦葵？

锦葵常生长在裸露的土地上，如空地、荒地、路边、田地等。它的花期是5月至10月。

锦葵有什么用途？

锦葵主要用于治疗肺部疾病，也可用于花草茶中，能够缓解咳嗽和炎症。

果实

锦葵有什么小故事?

　　锦葵比其他植物更能适应恶劣的生长环境,比如房屋的废墟上。这些环境并不适合多数植物生存,锦葵却能生长并繁殖,逐渐形成茂密的灌木丛。人们称之为"开荒"植物。当环境更稳定,土壤更肥沃时,其他植物便也会在这里生长。

创意艺术小课堂:观察并练习画一朵锦葵吧。

扫码观看
简笔画视频

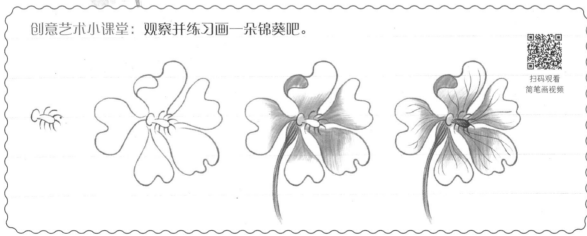

汉荭鱼腥草

怎么辨认汉荭鱼腥草?

这是一种一年生草本,茎直立或基部仰卧,分成多个小茎,形成节点。叶基生和茎上对生,边缘呈锯齿状,分为三片小叶,而小叶又分成三部分。花在茎的顶端开放,花瓣是粉红色或紫红色,五瓣花瓣呈倒卵形。花朵中心是雌蕊,雌蕊最终会长成一个带尖顶的果实,看起来好像一把剑。

哪里能看到汉荭鱼腥草?

森林里、墙角、岩缝,甚至是屋顶,几乎到处都能看到它们。汉荭鱼腥草的花期是4月至6月。

汉荭鱼腥草有什么用途?

汉荭鱼腥草俗名纤细老鹳草,纤细老鹳草提取物可用在护肤品中,有收敛、调理皮肤的功效。

汉荭鱼腥草有什么小故事?

约克聂人叫汉荭鱼腥草为"沾满鲜血的玛莉"。原来是它在秋天叶子会变成红色,容易令人联想起鲜红血液的缘故。

创意艺术小课堂:观察并练习画一朵汉荭鱼腥草吧。

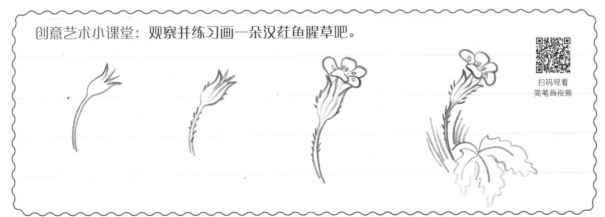

扫码观看
简笔画视频

虞美人

怎么辨认虞美人？

虞美人的花非常美丽，和罂粟科其他植物一样，有四瓣鲜红色的花瓣，上下分别有两瓣。虞美人非常娇嫩柔软。花心处能看到多个黑色小梗，那是它的雄蕊，中心是一个白色的小球，它会长成果实，里面包裹着种子。

哪里能看到虞美人？

3月至8月在田野、路边都可以看到虞美人。

虞美人有什么用途？

除了作为观赏植物，虞美人具有很高的药用价值，全株可入药，含多种生物碱，有止痛、止泻、催眠等功效。

相传秦朝末年，楚汉相争，西楚霸王项羽兵败，被汉军围于垓下。忽听四面楚歌，慷慨悲歌后，劝所爱虞姬另寻生路。虞姬美人情深意切，拔剑自刎。虞姬血染之地，长出了一种鲜红的花，这花形似鸡冠花，无风自动似美人翩翩起舞，后人把这种花称为虞美人。

创意艺术小课堂: 观察并练习画一朵虞美人吧。

扫码观看
简笔画视频

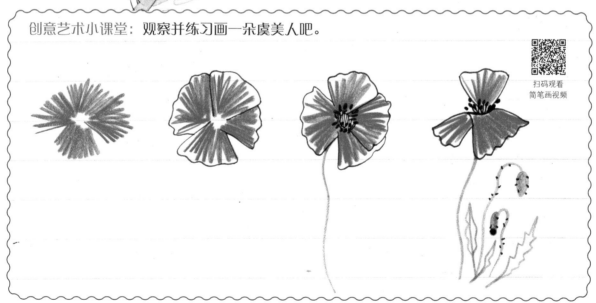

报春花

报春花的叶子细长，有锯齿，彼此紧靠。报春花的若干叶子中有一个花茎，上面开着花，所有的花都开在一处，形成伞形花序★。报春花的花瓣有黄色、粉红、淡蓝紫色，花瓣从一个由绿色萼片构成的筒状结构中长出，这种结构被称为花萼★。在花瓣中央有一个小孔，从小孔往里看，能够看到它有多个雄蕊和一个雌蕊。

哪里能看到报春花?

草场和林中空地都能够看到报春花，它的花期是2月至5月。

报春花有什么用途?

除了药用属性外，报春花的叶子和花还可以用来拌沙拉吃。在一些国家和地区，人们甚至用报春花调制饮料呢。

报春花有什么小故事？

许多植物可以自花授粉，但是为了保证遗传物质的多样性，最好由另一棵植株授粉（通过动物授粉，比如蜜蜂）。为了避免自花授粉，报春花进化出高度不一致的雌蕊和雄蕊，以防雄蕊上花粉与雌蕊接触。

报春花有什么小秘密？

报春花是春天的信使，当大地还未完全苏醒，它已悄悄地开出花朵，或成丛，或成片，生机盎然，告诉人们春天即将来临。

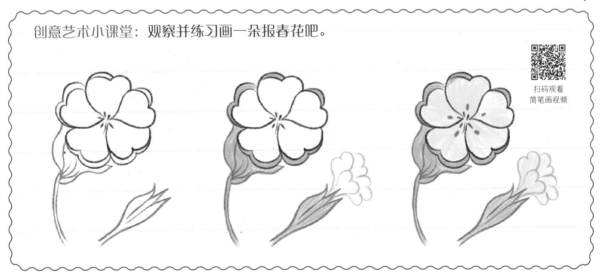

创意艺术小课堂：观察并练习画一朵报春花吧。

扫码观看
简笔画视频

29

番红花

怎么辨认番红花？

番红花没开花的时候很难辨认。它的叶片很细、顶端很尖，围绕花朵生长。番红花呈淡蓝色、红紫色或白色，有香味。花苞球形，开放时能够在花心处看到橙黄色的雄蕊。

哪里能看到番红花？

番红花开花很早，10月下旬能够在草坪上和大树下看到它。

番红花有什么用途？

番红花为珍贵的中药材，主要药用部分为小小的柱头。番红花干燥柱头，有活血化瘀、止痛镇静等功效。

番红花有什么小秘密?

番红花种类繁多，我们可以从中提取香料。制作香料是把番红花的雌蕊晒干，需要许多花才能得到极少量的香料。因此，这种香料是世界上最昂贵的香料之一。

番红花有什么小故事?

番红花和鸢尾属于同一科，它们都有长在土中的球茎，能够帮助它们过冬。

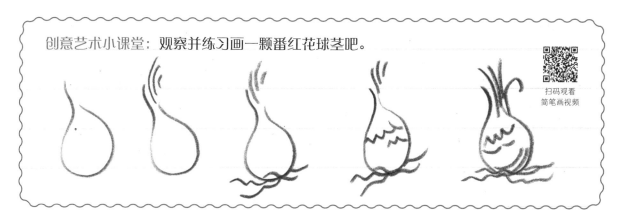

创意艺术小课堂：观察并练习画一颗番红花球茎吧。

扫码观看
简笔画视频

白头翁

哪里能看到白头翁?

白头翁是一种不起眼的植物，在草丛中、林边或干旱多石的坡地上都可以看到它，4月至5月开花。

怎么辨认白头翁?

它的植株上有一层白色绒毛，甚至花瓣上也会有。白头翁的花萼片呈蓝紫色，中央是多个雄蕊围绕着雌蕊。雌蕊长成果实后，形状像一绺毛。

白头翁有什么用途?

白头翁有很高的药用价值，可用来杀菌，有抗氧化等功效。

白头翁有什么小故事?

相传，杜甫曾腹痛难耐，一位白发老翁路过并为他治疗。老者采了一把长着白色柔毛的野草，将其煎汤让杜甫服下。杜甫喝下后病痛慢慢消除了。于是，杜甫将此草起名为"白头翁"，以表达对老者的感激之情。

铃兰

铃兰有什么小故事？

相传，1561年5月1日，法国国王查理九世收到一株代表好运的铃兰，他很开心，并把这种"好运花"送给别人。从此，五一送铃兰的传统在法国盛行并保留至今。五一劳动节也是法国的铃兰节，在这一天，人们互赠铃兰，寓意带来幸福与好运。

怎么辨认铃兰？

铃兰有两片大叶子，叶片上长有平行的条纹，叶子的基部包围着细细的花茎。一朵朵白色的花，垂向地面，像一个个小铃铛。它的果实是一颗颗红色的小球。

哪里能看到铃兰？

铃兰的花期是5月至6月，铃兰喜欢生长在凉爽、湿润的环境中。

铃兰有什么用途？

铃兰幽雅清丽，极其观赏价值。铃兰不仅能净化空气，而且能抑制结核菌等生长繁殖。

勿忘草

怎么辨认勿忘草?

勿忘草通常很小，它茎上长有茸毛和一些细长的叶子。小花挤在一起，形成总状花序。每朵小花有五瓣淡蓝色的花瓣，看起来好像一颗颗小星星。

勿忘草有什么用途?

勿忘草小巧秀丽，常用于布置春季或初夏时节的花坛、花镜，有很好的观赏价值。

34

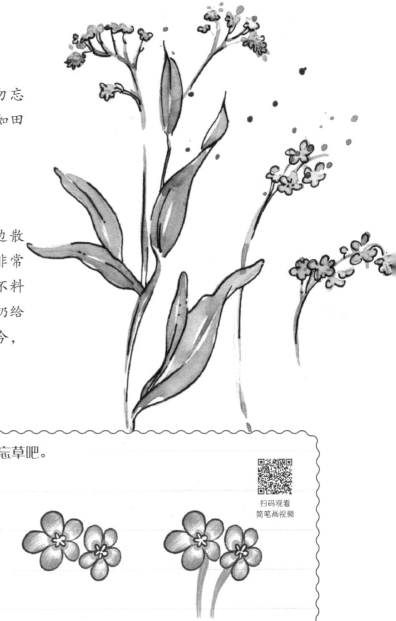

哪里能看到勿忘草？

6月至8月，田野里到处都能看到勿忘草。它喜欢生长在干燥、凉爽的环境，如田野或沙丘。

勿忘草有什么小故事？

相传，一位骑士与他的恋人在河边散步，看到河畔绽放着美丽的蓝色小花，非常漂亮。于是，骑士不顾危险探身摘花，不料失足坠河。在被河水吞没之前，他把花扔给这位女士，高喊着"请别忘了我！"如今，勿忘草象征着永恒的记忆与爱。

创意艺术小课堂：观察并练习画一朵勿忘草吧。

扫码观看
简笔画视频

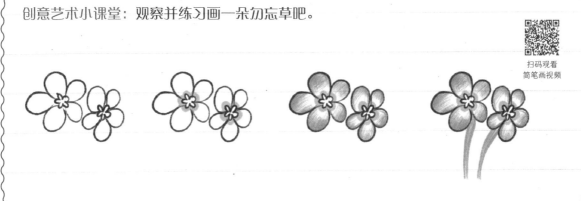

风铃草

怎么辨认风铃草?

风铃草细长的茎上还有少量细长的叶子。沿着茎生长着一簇簇风铃草花：花瓣基部发白，颜色由淡蓝色到深紫色，还有白色、蓝色、淡桃红色等，好似一个精致的小铃铛；雌蕊分成三部分，从铃铛中探出；雄蕊稍短，紧贴着花瓣内壁；绿色带尖的萼片，围绕着花瓣就像个小爪子。

风铃草有什么小故事?

相传，有一对夫妻非常恩爱，丈夫是一位盲人。妻子身上带着一个铃铛，她走动的时候，丈夫就可以寻着声音找到她。有一次丈夫外出，不慎掉下山崖。妻子每天都在村口等候丈夫归来，年复一年。有一天村口长出一株绿色的植物，它的上面长着好几个铃铛形状的花朵，人们给它取名风铃草。

风铃草有什么小秘密?

风铃草钟状的花朵能够很好地改善花朵的授粉情况:昆虫钻进花朵吸食花蜜时,碰到雄蕊后就会把花粉带在背上。

哪里能看到风铃草?

风铃草的花期是4月至6月,喜欢生长在树林、草地以及其他气候凉爽、温和的地方。

创意艺术小课堂:观察并练习画一朵风铃草吧。

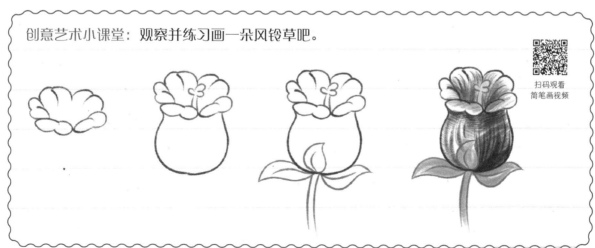

扫码观看
简笔画视频

香堇菜

怎么辨认香堇菜?

　　香堇菜的花较大，呈深紫色并伴有香味；叶多呈心状卵形；花梗细长；萼片呈圆形或长圆状卵形；花柱顶部弯曲成钩状短喙。花朵外形十分特别：从侧面看就像一只蝴蝶；从正面看，底部的花瓣比其他花瓣略大，有时花瓣上有紫色条纹。

哪里能看到香堇菜?

　　2月至4月，在森林和草场边缘的树荫下，你就能看到香堇菜了。

香堇菜有什么用途?

　　香堇菜香气扑鼻，色泽艳丽，大有妙用。从香堇菜叶子中提取的香料，常被用于制作香水。香堇菜还有药用效果，能够镇咳。

香菫菜有什么小秘密？

　　香菫菜的花朵后面有一个锥形状，这被称为距★。因为距里面含有花蜜，昆虫钻进去采食花蜜时就会授粉。这种特性使香菫菜得到更好的繁殖。

香菫菜有什么小故事？

　　香菫菜很小，容易被人忽视。但在从前，它象征着永恒的爱，人们把它编成花冠，献给诗歌比赛中的优胜者。

创意艺术小课堂：观察并练习画一朵香菫菜吧。

扫码观看
简笔画视频

艺术家提示：快用不同的紫色铅笔来画香菫菜吧！

百金花

怎么辨认百金花?

这是一种很小的一年生草本植物。它的叶片从根部萌发，沿茎对生，摸起来非常光滑，并带有条纹。茎上多个分叉上开着白色或粉红色的花朵。从五瓣花瓣中伸出很多雄蕊，几乎看不到雌蕊。

百金花有什么用途?

百金花全草可用于制药，别看它小小的，它的作用可真不少。

每年5月至7月，在路边很容易能看到百金花。

百金花有什么小故事?

百金花因为其效用广泛，是一种万能的药材，因此花语是"万能"。

创意艺术小课堂：观察并练习画一朵小小的百金花吧。

扫码观看
简笔画视频

缬草

哪里能看到缬草？

缬草喜欢湿润的土地，比如小河边、山坡和草地。它们的花期是5月至7月。

缬草有什么用途？

很早以前，人们就用缬草来治疗疾病。医生希波克拉底把它当作镇静剂治疗失眠。第一次世界大战时，缬草被用来治疗心理创伤。如今，人们还种植缬草用于制药或花草茶来改善睡眠。

怎么辨认缬草？

缬草可以长到100至150厘米高。它的叶子边缘呈锯齿状，顶端渐窄。缬草在茎的顶端会开出多个淡紫红色或白色的小花，形成伞房花序★。

缬草有什么小秘密？

缬草的根部含有一种能够吸引猫的物质，并能让猫感到兴奋。因此它也被称为猫草。

42

欧白英

怎么辨认欧白英？

欧白英茎秆坚硬，近乎灌木，叶子形状多变，有的是完整的，有的分成三个或五个裂片，其中一个较大，其他的较小。欧白英的花从叶间探出，开放时宛如一位穿着舞裙的芭蕾舞演员。五瓣花瓣向后翻转，基部带有白色和绿色斑点；雄蕊连在一起，形成一个亮黄色的小柱头。

哪里能看到欧白英？

欧白英6月至9月开放，长在湿润的林地和河边。

欧白英有什么用途？

医学家发现，欧白英果实有较高的龙葵碱，可用来制作药物。

欧白英有什么小秘密？

欧白英的浆果不能食用，会引起腹痛和呕吐，青色浆果尤为危险。但有些鸟吃了没有影响，这种植物由此依靠鸟四处播撒它们的种子，从而得以繁殖。

郁金香

每年4月至5月,郁金香在田野和草地上盛放。

郁金香有什么小故事?

相传,在荷兰,郁金香因为它的花朵太美了,很快就成为流行宠儿,价比黄金。人们像着了它的魔,即使卖掉房子、马车也要买它。这一时期被称为"疯狂的郁金香时期"。

郁金香有什么小秘密?

尽管郁金香能够通过种子繁殖,但我们通常都是用郁金香的球茎进行培育。

怎么辨认郁金香?

郁金香的叶子像矛,花单朵顶生。花被片呈红色、白色或黄色等,六个雄蕊和一个雌蕊。和其所属的百合科其他植物一样,郁金香也有地下球茎,储存着丰富的营养物质。

44

词汇表

（按词汇首字的汉语音序排列）

变种：属于同一个种属的不同植物，但表现出极大的差异。

传粉：将一株植物雄性器官上的花粉传到另一株植物的雌性器官上的过程。

唇瓣：兰科植物变形的花瓣。

雌蕊：花朵的雌性器官，包括一个胚珠、一个花柱和一个柱头。

雌雄同株：同时具有雌性器官和雄性器官的植物。

萼片：花朵的外部部分。

花瓣：花朵的内部部分。

花被片：包裹花朵的部分，代替了花瓣和萼片。

花萼：包裹在花朵外部的萼片的总称。

花梗：花的柄，是茎的分枝。

花冠：花瓣的集合，保护花的内部结构。

花蜜：植物分泌的含糖的液体。蜜蜂采集花蜜酿制成蜂蜜。

花序：花朵在花轴上的排列顺序。

花柱：雌蕊的一部分，一般是管状的。

距：花冠或萼片在花朵背面或下方的圆锥状部分。

卷须：有些攀缘类植物中，螺旋状卷曲的部分，能够使植物围绕各类支点生长并攀附其上。

玫瑰果：包裹犬蔷薇果实的外壳。

伞房花序：花序轴较长，小花梗不等长，下部长，向上逐渐缩短，小花似排在一个平面上。

伞形花序：花朵都长在花轴同一个位置上的花序。

蒴果：干果的一种，由两个以上的心皮构成，内含许多种子，成熟后裂开。

头状花序：所有花朵互相挨着长在同一个地方的花序，花朵合起来好像是一朵单独的花。

小叶：构成复叶的小叶片。

雄蕊：花朵中带有花粉的雄性部分。

叶柄：把叶子连接到主茎的小梗。

叶鞘：围绕茎的叶基。

柱头：雌蕊的顶端（在花柱上面），用来接收容纳花粉的部分。

子房：雌蕊内部含有雌性性细胞即胚珠的部分。

图书在版编目（CIP）数据

给孩子的自然百科.当孩子遇见花朵 / (法) 克莱尔·勒克维勒著；(法) 罗莉亚娜·舍瓦里耶绘；董馨阳译 .—西安：世界图书出版西安有限公司, 2021.10
ISBN 978-7-5192-6671-4

Ⅰ.①给… Ⅱ.①克… ②罗… ③董… Ⅲ.①自然科学—儿童读物 ②花卉—儿童读物 Ⅳ.① N49 ② S68–49

中国版本图书馆 CIP 数据核字（2020）第 063822 号

书　　名	给孩子的自然百科	电　　话	029-87214941　029-87233647（市场营销部）
著　　者	[法]克莱尔·勒克维勒		029-87234767（总编室）
绘　　者	[法]罗莉亚娜·舍瓦里耶	网　　址	http://www.wpcxa.com
译　　者	董馨阳	邮　　箱	xast@wpcxa.com
策　　划	赵亚强	经　　销	新华书店
责任编辑	王　冰　吴谭佳子	印　　刷	深圳市福圣印刷有限公司
项目编辑	刘晓英　李　钰	成品尺寸	200mm×200mm　1/16
	符　鑫　徐　婷	印　　张	14
美术编辑	吴　彤	字　　数	180 千字
版权联系	吴谭佳子	版　　次	2021 年 10 月第 1 版
出版发行	世界图书出版西安有限公司	印　　次	2021 年 10 月第 1 次印刷
地　　址	西安市锦业路 1 号都市之门 C 座	版权登记	25-2019-285
邮　　编	710065	国际书号	ISBN 978-7-5192-6671-4
		定　　价	180 元（全 4 册）

版权所有　翻印必究

（如有印装错误，请与出版社联系）

花朵档案 (示例)

该图片由 Matthias Böckel 在 Pixabay 上发布

名称： 锦葵

时间： 2021 年 8 月 1 日

地点： 花店

叶： 圆心形或肾形。

花： 紫红色或白色，5 片花瓣，3 至 11 朵簇生。花期 5—10 月。

果实： 林边、树篱、果园、公园和花园。

生长环境： 空地，田野，荒地，路边。

其他： 我国南北各城市常见的栽培植物，偶有逸生。南自广东、广西，北至内蒙古、辽宁，东起台湾，西至新疆和西南各省区，均有分布。

来画一朵锦葵吧：

名称： 天蚕蛾

时间： 2021年8月11日

地点： 楼下花园

该图片由 Ian Lindsay 在 Pixabay 上发布

翅膀： 两对彩色翅膀

足： 三对

食性： 天蚕蛾成虫口器退化，多不取食。幼虫大型，主要吃树叶。

生存环境： 林边、树篱、果园、公园和花园。

其他： 天蚕蛾体型较大，翅膀上有很大的圆形斑点，像孔雀尾巴上的图案。天蚕蛾通常在夜间活动，白天就落在墙上、树干上或者灌木丛上。

来画一只天蚕蛾吧：

鸟类档案 (示例)

名称： 家燕

时间： 2021 年 8 月 11 日

地点： 楼下花园

该图片由 Marc Pascual 在 Pixabay 上发布

羽毛颜色： 背部、头部和翅膀呈黑色且带有蓝色的光泽，腹部是白色的，头部下方是红棕色的。

尾形 / 爪形 / 趾形： 尾巴呈三角形，有两根羽毛比其他羽毛长一点儿，形成 "V" 字形。

叫声： 尖锐而短促。

食性： 蚊、蝇等昆虫。

生存环境： 田野、水边、房顶、电线。

其他： 家燕体型较小，翅膀长而尖，飞行速度很快。

来画一只家燕吧：

树木档案 ^(示例)

名称： 银杏

时间： 2021 年 9 月 1 日

地点： 校园

叶： 绿色略变黄，扇形，中间断开。

花： 北方 9 月份是果实的季节，未见到花。

果实： 浅黄色，椭圆近球形，表面有薄薄的一层白色粉末。

生长环境： 阳光充足，草木茂盛。

其他： 银杏树树干通直，高大挺拔，姿态优美。银杏叶子春夏翠绿，到了秋天会变成金黄色。绿色的果实到了秋天也会变成黄色。

来画一片银杏叶吧：

为你观察到的花朵、虫子、鸟类和树木

建立一份档案吧！

照片/手绘/标本

名称：＿＿＿＿＿＿

时间：＿＿年＿月＿日

地点：＿＿＿＿＿＿

来画一画吧：

照片/手绘/标本

名称: _____

时间: ___年__月__日

地点: _____

来画一画吧:

照片/手绘/标本

名称:＿＿＿＿＿＿＿＿＿

时间:＿＿年＿月＿日

地点:＿＿＿＿＿＿＿＿＿

来画一画吧:

照片/手绘/标本

名称：＿＿＿＿＿＿

时间：＿＿年＿月＿日

地点：＿＿＿＿＿＿

来画一画吧：

照片/手绘/标本

名称: _____

时间: ___年__月__日

地点: _____

来画一画吧:

照片/手绘/标本

名称：＿＿＿＿＿＿

时间：＿＿年＿月＿日

地点：＿＿＿＿＿＿

来画一画吧：

照片/手绘/标本

名称：＿＿＿＿＿＿＿＿

时间：＿＿年＿月＿日

地点：＿＿＿＿＿＿＿＿

来画一画吧：

照片/手绘/标本

名称: _____

时间: ___年__月__日

地点: _____

来画一画吧:

名称: _____

时间: ___年__月__日

地点: _____

照片/手绘/标本

_____

_____

_____

_____

_____

来画一画吧:

照片/手绘/标本

名称: _____

时间: ___年__月__日

地点: _____

来画一画吧:

照片/手绘/标本

名称: _____

时间: ___年__月__日

地点: _____

_____

_____

_____

_____

_____

来画一画吧:

照片/手绘/标本

名称: ＿＿＿＿＿＿＿＿

时间: ＿＿＿年＿＿月＿＿日

地点: ＿＿＿＿＿＿＿＿

来画一画吧:

名称: _____

时间: ___年__月__日

地点: _____

照片/手绘/标本

来画一画吧:

照片/手绘/标本

名称：_____

时间：___年__月__日

地点：_____

来画一画吧：

照片/手绘/标本

名称: _____

时间: ___年__月__日

地点: _____

来画一画吧:

照片/手绘/标本

名称: _____

时间: ___年__月__日

地点: _____

- _____
- _____
- _____
- _____
- _____

来画一画吧：

照片/手绘/标本

名称：_____

时间：___年__月__日

地点：_____

来画一画吧：

照片/手绘/标本

名称：_____

时间：____年__月__日

地点：_____

来画一画吧：

照片/手绘/标本

名称：_____

时间：____年__月__日

地点：_____

来画一画吧：

照片/手绘/标本

名称：＿＿＿＿＿＿＿＿

时间：＿＿年＿月＿日

地点：＿＿＿＿＿＿＿＿

来画一画吧：

照片/手绘/标本

名称：＿＿＿＿＿＿＿＿

时间：＿＿年＿月＿日

地点：＿＿＿＿＿＿＿＿

来画一画吧：

照片/手绘/标本

名称：_____

时间：____年__月__日

地点：_____

来画一画吧：

照片/手绘/标本

名称：_____

时间：___年__月__日

地点：_____

来画一画吧：

照片/手绘/标本

名称: _____

时间: ___年__月__日

地点: _____

- _____
- _____
- _____
- _____
- _____

来画一画吧:

照片/手绘/标本

名称: _____

时间: ___年__月__日

地点: _____

_____

_____

_____

_____

_____

来画一画吧:

照片/手绘/标本

名称：＿＿＿＿＿＿

时间：＿＿年＿月＿日

地点：＿＿＿＿＿＿

来画一画吧：

照片/手绘/标本

名称: ＿＿＿＿＿＿＿＿＿

时间: ＿＿＿年＿月＿日

地点: ＿＿＿＿＿＿＿＿＿

来画一画吧:

照片/手绘/标本

名称：＿＿＿＿＿＿＿

时间：＿＿年＿月＿日

地点：＿＿＿＿＿＿＿

来画一画吧：